D1794926

英国演化生物学家、BBC（英国广播公司）科普节目主持人

BEN GARROD

给孩子的恐龙书

［英］本·加罗德 著　　方琳浩 译

中信出版集团·北京

图书在版编目（CIP）数据

棘龙 /（英）本·加罗德著；方琳浩译 . -- 北京：
中信出版社，2019.1
（给孩子的恐龙书）
书名原文：So You Think You Know About
SPINOSAURUS？
ISBN 978-7-5086-9781-9

Ⅰ.①棘… Ⅱ.①本… ②方… Ⅲ.①恐龙 – 少儿读
物 Ⅳ.① Q915.864-49

中国版本图书馆 CIP 数据核字 (2018) 第 265644 号

棘龙
（给孩子的恐龙书）

著　　者：[英]本·加罗德
译　　者：方琳浩
出版发行：中信出版集团股份有限公司
　　　　　（北京市朝阳区惠新东街甲 4 号富盛大厦 2 座　邮编　100029）
承　印　者：北京画中画印刷有限公司

开　　本：880mm×1230mm　1/32　　　　印　　张：3.375　字　　数：65 千字
版　　次：2019 年 1 月第 1 版　　　　　印　　次：2019 年 1 月第 1 次印刷
京权图字：01–2018–6995　　　　　　　广告经营许可证：京朝工商广字第 8087 号
书　　号：ISBN 978–7–5086–9781–9
定　　价：38.00 元

出　　品：中信儿童书店
策　　划：中信出版·神奇时光
策划编辑：韩慧琴　谷红岩
责任编辑：韩慧琴
装帧设计：灵思舞意　刘翠微

版权所有·侵权必究
如有印刷、装订问题，本公司负责调换。
服务热线：400-600-8099
投稿邮箱：author@citicpub.com
网上订购：zxcbs.tmall.com
官方微信：中信出版集团
官方网站：www.press.citic

致敬科学极客

你们也是超级英雄

我从小就非常爱动物。我曾经在我家的花园和海岸上观看鸟类、松鼠和青蛙。当我十岁的时候，我决定去非洲，和野生动物们一起生活，并写下关于它们的书籍。每个人听后都笑了，非洲很遥远，而我只是一个小女孩。当时是 1944 年，没有女孩会做那样的事情。但我妈妈说："如果你真的很想要实现这个愿望，你就必须努力，抓住机遇，永不放弃。"这也是我给你的建议。

当我遇到路易斯·莱基博士并能够在坦桑尼亚贡贝国家公园研究黑猩猩时，我的梦想成真了。黑猩猩帮助我科学地证明了动物与人类一样有个性、思想和情感。最后我建立了一个研究站，正如科学家们总是在研究新的恐龙物种，我的学生们还在学习关于贡贝黑猩猩的新知识。

序

珍·古道尔博士

我认识本·加罗德博士多年，我们都鼓励大家追随自己的梦想。也许你不打算成为一名科学家，即使如此，你也需要了解科学家所做的工作，因为这有助于我们了解自己所生活的精彩世界，关于演化和各种奇妙的生物。还有更多物种尚未发现，也许你会发现其中之一！也许它将以你的名字来命名！

无论你决定未来做什么，我都希望你永远对这个神奇的世界充满好奇，并从那些用毕生精力来发现和分享世界秘密的人们那里获得鼓舞。最重要的是，你将和本·加罗德博士还有我一同保护地球上的生命。

让我们开始极客之旅吧！

自序

Hey Guys

　　成长并不总是那么容易，尤其是在家里只有你一个人从沙滩上捡起鲨鱼尸体，十岁的时候学着解剖动物，或者试图用扫帚抓蛇的时候。是的，我做了这些（抓蛇可不是个好主意，所以请不要这样做）。如果你是学校里唯一做这些事情的人，情况就更糟了。和同学们一起玩耍、混在大伙儿身边会好一些，这样就没有人注意到你，因为你也不想被别人当作怪人。

　　但是请记住，总会有一些美好而奇怪的人，他们知道你在经历什么，他们会帮助你、鼓励和支持你。

　　无论是在当地的博物馆、地

质学会、野生动物俱乐部，还是在学校、童子军营地、旅行途中，或者和你的家人或朋友一起，不要觉得你不能和其他人分享你的兴趣。当然，我必须提醒你不要和陌生人说话。但是在父母或老师的帮助下，你会找到一些探究科学的朋友。我认识一些最具灵感的年轻极客，他们每个周末都去看鸟，或者在各种天气里拍下令人惊叹的野生动物照片。有些人收集散步时发现的头骨，有些人写博客和文章，讲述像你一样的年轻人是如何有能力改变世界的。

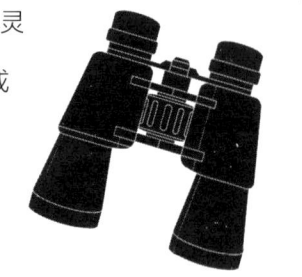

我知道，很多出色的年轻科学家们都发现，事情变得更容易了，因为他们身边有其他人可以聊天，讨论他们的爱好，询问最好的化石在哪里，小乌鸦吃什么或者如何埋葬鲸鱼。是的，我在很年轻的时候也问过这些问题。

我想我在这里说了两件事。首先，成为极客并不总是那么容易，但是身边有其他极客也是很有帮助的。做极客意味着你真的爱一件事，比大多数人都要爱。例如，我喜欢科学，我是一个科学极客，我哥哥喜欢汽车——他是个汽车极客。其次，我们都应该为自己成为极客而感到自豪，让我们把它变成自己最大的动力。我在世界各地生活和工作，我研究过黑猩猩和鲨鱼，我去过北极和沙漠。我帮忙拯救稀有物种，也曾被饥饿的捕食者追赶，我还拍摄了野生动物。我做研究，在大学教书，为电视台制作很酷的科学节目。我是一个极客！记住，要与众不同，要不可思议，要新奇。

现在我是一名科学家，我非常愿意与我的学生、我遇到的无数年轻人谈论科学，谈论如何成为一名年轻的科学家，以及科学给我们带来的乐趣。

此外，我总是喜欢去了解新的化石遗迹，小乌鸦喜欢吃什么样的早餐，埋葬鲸鱼的新方法。

而你，你将成为最好的科学家，成为一个快乐的科学家。

一起成为一名极客吧！

本·加罗德

目录

如果你真想知道我是谁，你也读过"给孩子的恐龙书"系列，那么是时候介绍我了。我叫耀龙或"炫耀的羽毛"。到目前为止，人们只在中国内蒙古自治区发现了一块我的化石，年代大约为1.6亿年前。

我是体形最小的恐龙之一，有一副25厘米长的骨架。我相当奇特，有一双大眼睛，有巨大的爪子，并在嘴的前部有细长的牙齿，这在兽脚类恐龙中是很不常见的。我有四根长长的、可以用来炫耀的尾部羽毛。我也是最早使用羽毛来炫耀自己的恐龙。

第一章

初识恐龙

什么是恐龙

　　你热爱恐龙，我热爱恐龙，大家都热爱恐龙。它们如此受欢迎并不稀奇。因为它们实在太酷了。但这种狂热是从什么时候开始的呢？第一个古生物学家和恐龙发现者又是谁呢？很久以前，人们并不知道恐龙（甚至化石）是什么。人们在意大利的一个山洞里发现一些巨大的骨骼化石，推测这些骨骼肯定是属于巨人的。好了，别取笑他们了，在那个年代，这种猜想也说得通。

　　人们认为那些巨人有九十多米高，几乎和三只梁龙的长度总和一样。现在你可以尽情取笑了。据说，古希腊人甚至认为生活在小岛上的小象头骨化石属于名叫独眼巨人的食人巨魔，而小象头骨上的鼻孔是巨人唯一的大眼睛。下次去博物馆参观大象头骨的时候，看看你是否能够把它想象成食人独眼巨人的头骨。

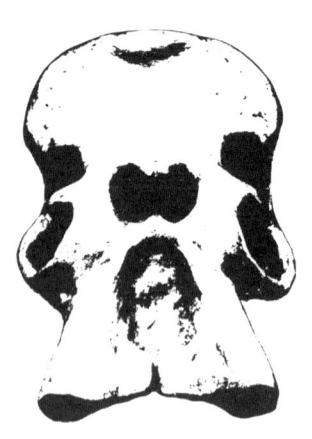

　　记住，科学不仅仅与探索和发现事实有关，还与那些探索和发现事实的人有关，与那些让我们以新的方式看待世界的人有关。那么哪些人是最初的、最

重要和最有趣的早期古生物学家和化石搜集者呢？

让我们了解恐龙的最重要的人物之一是威廉·巴克兰（牛津大学地质学教授）。他是地质学家（意味着他很热爱研究岩石）和古生物学家。他也是第一个用科学的方式记录恐龙的人。1824 年，他首次将在英国牛津发现的恐龙命名为斑龙。在那时候，恐龙一词还从来没有使用。在他命名斑龙以前，其他一些人认为这些骨头要么来自罗马人带来的战象，要么来自《圣经》中的巨人。说他是第一个记录恐龙的人是不够的，他还是个痴迷于研究粪便的人。不是那些普通粪便，而是粪便化石哟……或者叫它粪化石（他也是第一个使用这个词的人）。

然而威廉·巴克兰并不是第一个发现粪化石的人。一位名叫玛丽·安宁的著名化石收集者也早已对这些感兴趣。玛丽在英国南海岸的一个叫作莱姆·里吉斯的村庄长大。她在哪儿发现这些粪化石的？是在鱼龙化石的残骸中。玛丽发现了第一个被鉴定出的鱼龙化石（在那之前，人们认为它是某种类似鳄鱼之类的物种）。她还发现了一些早期的蛇颈龙化石和翼龙化石。今天，我们都知道玛丽对科学来说多么重要，但在以前，女性参与科学研究几乎是不可能的。她们没有选举权，也不能读大学，更不能参与科学研究。因此一些男人们否决了玛丽的很多想法和发现，这真的很不公平。幸运的是，新时代的女性在科研上扮演着很重要的角色。对于我们所有人来说，玛丽绝对是一个很好的榜样。

也许你听说过理查德·欧文，他也是最著名的古生物学家之一。他有两项最伟大的成就：第一，推动了伦敦自然历史博物馆的建立（这事儿相当酷）；第二，创造了"恐龙"这个词（真是太酷了）。看起来是个不错的人，对吧？嗯，他是，也不是……他做了许多值得年轻科学家敬仰的伟大事迹，但他也有一些不明智的行为。我不想直接说他盗取了别人的想法，但有很多次他说'哇，看看我发现了什么'，然而那并不是他的发现。他曾向世界宣布他发现了禽龙……真相是它是另一位古生物学家发现的。很尴尬！理查德·欧文给我们所有人上了一课——如果你有了了不起的发现，你就能在科学上取得巨大的成就，但如果你不能很好地与人相处，有些不良行为也会被人们记住。

众所周知，恐龙和其他灭绝物种的科学研究建立在伟大的化石收集者多年工作和研究的基础上。

他们思考的方式、发现的成果以及用来认识化石的方法，今天仍然能够帮助到我们。

然而，有些生物学家也做了些奇怪的事情。

最著名的故事就是化石战争。美国两

爱德华·德林克·科普　　奥思尼尔·查尔斯·马什

位关系要好的古生物学家爱德华·德林克·科普和奥思尼尔·查尔斯·马什在刚发现惊人的化石和许多新恐龙物种时就闹翻了。他们并没有像一个团队一样协作，反而做了一些很糟糕的事情。这场化石战争很难确定是谁挑起的，但他们做得都很糟糕。他们想尽办法毁掉对方的声誉，并试图让对方的化石研究基金化为泡影。他们盗取对方的化石，甚至用炸药破坏化石，这样其他人就不能得到它们。难以置信！科普还犯了一个相当愚蠢的错误，他把头骨放在一个新的恐龙物种的尾巴上（而不是脖子上），而马什让所有人都知道了他犯下的这个错误。这听起来很可笑，你无法想象科学家们居然做出来这样的事情。马什也犯了类似的错误，他把头骨错放在蜥脚类动物的骨骼上。尽管他们一直这样，但他们还是发现了超过 120 个新的史前物种。

正是这些古生物学家和化石收集者帮助我们认识到恐龙和其他动

物非常不同，它们是完全不同的种群。也许很容易就能想到，这些从前的英雄们把一切都整理好了。但也许你也会想："等一下，本，那时候他们没有激光扫描仪和电脑，现在我们有了这些东西，是不是意味着可以用它们来完全了解恐龙？"唔，这也不是真的。的确，那些科学先驱为我们扫清了道路，我们从他们身上学到了很多。现代的科学技术帮助我们减轻了很多负担。但事实是，我们仍然有很多事情需要去做，去发现和了解恐龙。

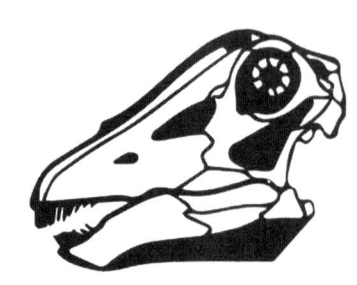

恐龙的头骨

这就是恐龙

这可能看起来很奇怪，我们对恐龙仍没有一个明确的定义。因为恐龙有许多不同的种类。它们有的很小，有的很大；有的有两条腿，有的有四条腿；有的是肉食性动物，有的是植食性动物。由于存在诸多不同点，很难有一个定义适用于每一具恐龙化石。因此，我们只能采用粗略的定义——如果一具化石具有以下大部分特征，那么科学家们就可以相当肯定地说，它们是恐龙化石。

其一，恐龙头骨的每只眼睛后面有两个朝向头骨后部的颞孔。

这就意味着它们是双孔亚纲。而我们人类（哺乳动物）是单孔亚纲，单孔亚纲下的所有物种，每只眼睛后面只有一个颞孔。你去博物馆时，可以观察任何一种恐龙骨骼，你会发现它们的头骨上每个眼眶后面应该有两个颞孔。

其二，所有恐龙的腿都是垂直于身体的。

下次当你去户外时可以观察一下鳄鱼的腿（但记得不要靠太近）。鳄鱼与我们人类直立的双腿不同，它的腿会在中间某处弯折。所有有腿的爬行动物，诸如鳄鱼和它们的近亲蜥蜴的腿都是这样弯曲的——从体侧向外伸出后，再向下弯折。

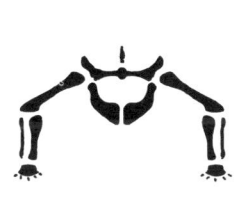

鳄鱼

恐龙

其三，恐龙的前肢很短。

我们都知道暴龙和它的近亲恐龙有着非常短小的前肢，但其实几乎每一只恐龙的前肢都比我们想象中要更短一些。低头看一看你的胳膊——上臂骨头（肱骨）仅仅比下臂骨（桡骨和尺骨）长一点。但对于恐龙来说，桡骨一般至少比肱骨短 20%。

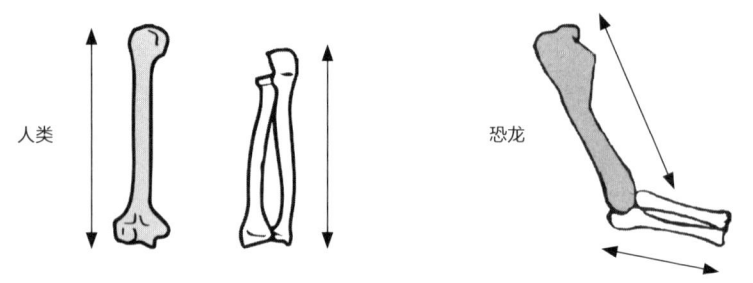

人类　　　　　　　　　　　　　　恐龙

恐龙鉴定单

在眼窝之后的两个洞（上下颞孔）之间，有一个深凹，称为颞上窝

大多数恐龙的颈椎骨还有一块额外的突出，仿佛每个骨节两边都长了一个小小的翅膀。这些突出的小块的学名叫作上突。

在前肢上部的肱骨边缘有一块隆起，用来附着巨大的肌肉组织。这块隆起的占肱骨长度的30%。

股骨上的隆起（第四转子）巨大而且棱角分明，能够让肌肉附着。

头后骨骼并未在中部愈合。

胫骨突出并向外生长。

在小腿腓骨和脚踝连接处，有一个大型的距骨凹。

第二章

探索恐龙

棘龙

有一种恐龙很神秘，它总能引起诸多争论，关于它的许多问题，我们至今仍没有答案。这个神秘的肉食性恐龙就是棘龙。

第一批棘龙化石是 1912 年在埃及被来自德国的一位叫恩斯特·斯特莫的古生物学家发现的。这些化石有椎骨、巨大的下颌、牙齿以及一些使这个物种非常出名的长棘。斯特莫做了一名好科学家应该做的一切：他描述了这些化石，拍了照片，并详细地画了下来。这真的很有用。1944 年，一枚炸弹落在收藏棘龙化石的博物馆里，将它们永远摧毁了。从那以后，尽管科学家发现了更多的化石，但都不足以让我们完全了解棘龙。

棘龙（*Spinosaurus*）的名字由两个词组成，spino 意为"脊椎"，saurus 意为"蜥

蝎"。到目前为止，我们能确定的只有一个物种：埃及棘龙（意为"埃及的棘蜥蜴"）。但可能还有另外一个群体——摩洛哥棘龙（意为"摩洛哥的棘蜥蜴"）。科学家们还没有足够的证据来支撑这种说法。

棘龙是有史以来最大的兽脚类恐龙之一，也可能是最大的。棘龙的体形和巨型杀手恐龙（如南方巨兽龙、鲨齿龙，可能还有暴龙）大致相同。棘龙生活在白垩纪中期，在 1.12 亿～9350 万年前。

这些巨型肉食性恐龙的重量在 7～20 吨之间（事实上，在陆地上行走的任何生物的体形都比不上棘龙，它同 3 头虎鲸一样重），身长可达 18 米。棘龙不仅体形巨大，而且看起来也很特别。它的头骨很长，鼻子很窄，还有许多尖尖的细长牙齿。一些科学家认为这种恐龙是用两条长长的后肢走路的（关于这一点仍有争论，我稍后会讲到）。它的背部有一排长长的棘，这使它成为一种十分与众不同的恐龙。其

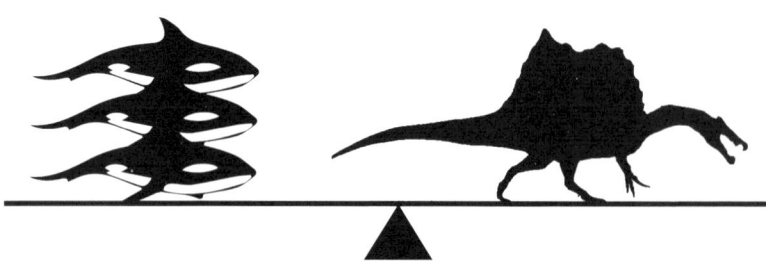

中一些棘的高度可达 1.65 米（几乎和成年人一样高），在这些棘之间可能有皮肤相连，形成了一个巨大的帆状物。但是这个帆状物的用途是另外一件事，我们稍后会讲到。

恐龙家族树

棘龙是兽脚类恐龙中体形最大的。它是一种肉食性恐龙，头部很长，与鳄鱼类似。它的牙齿呈圆锥状，几乎没有锯齿边缘。如果你从上面看它的头骨，可以看到鼻子末端是圆的，排列着很多牙齿，它们叫作环形齿列。这在所有的棘龙身上都能看到，因此古生物学家可以以此识别它们。在非洲、欧洲、南美洲和亚洲都发现了棘龙的化石。

棘龙属于棘龙科，是巨型兽脚类恐龙中一个较大的群体。这意味着像棘龙这样的恐龙与其他兽脚类恐龙（例如巨龙）的关系十分密切。

棘龙

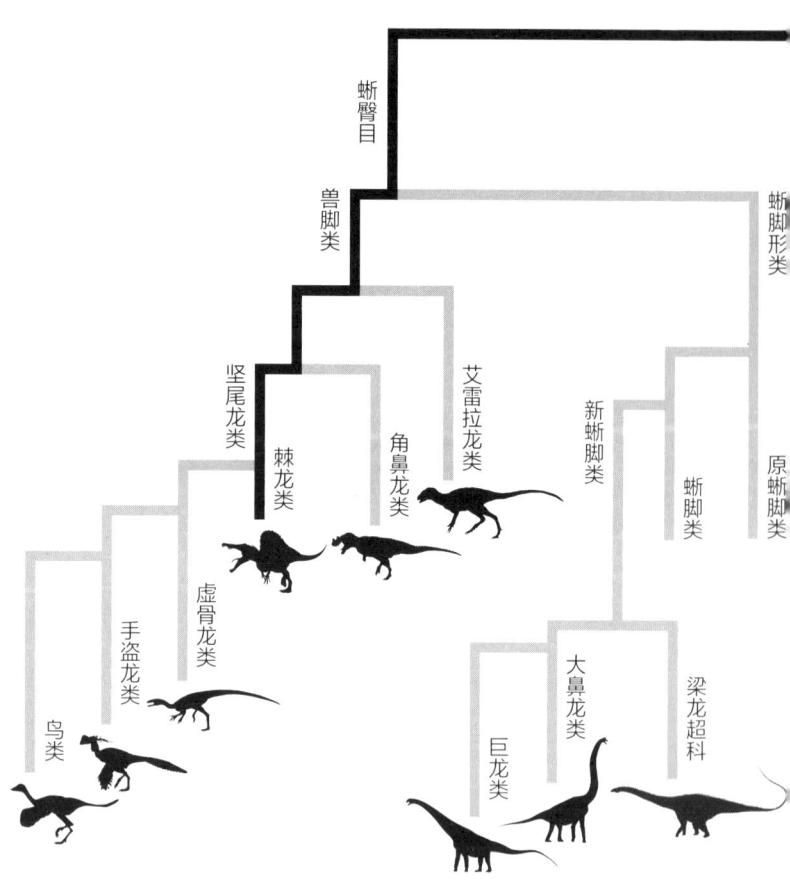

蜥臀目

兽脚类

蜥脚形类

坚尾龙类

棘龙类

角鼻龙类

艾雷拉龙类

新蜥脚类

蜥脚类

原蜥脚类

虚骨龙类

手盗龙类

鸟类

大鼻龙类

梁龙超科

巨龙类

14

恐龙类

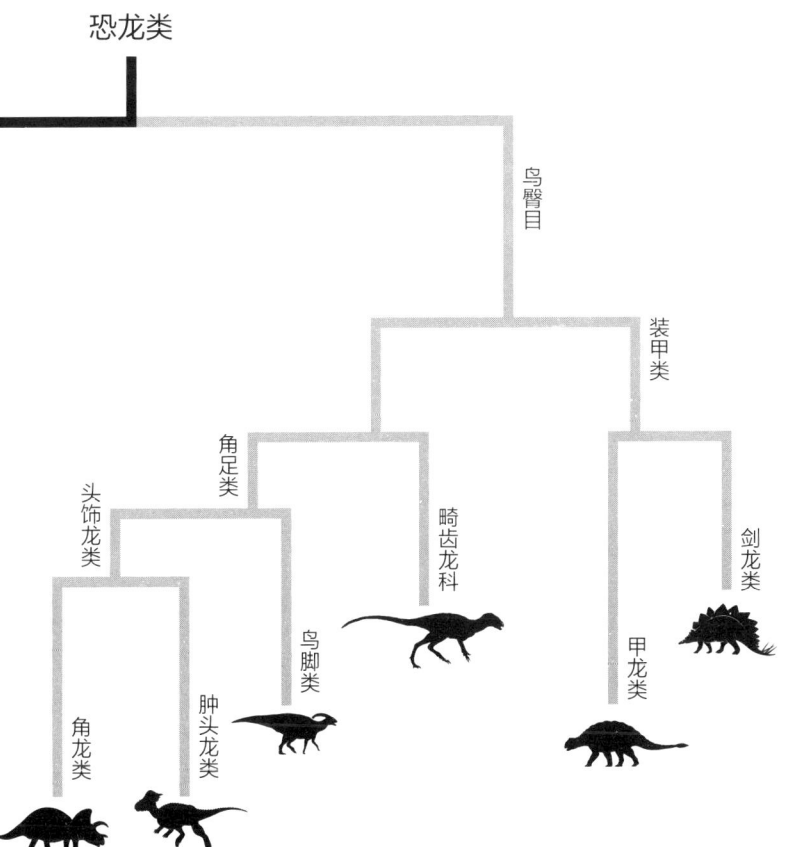

鸟臀目

装甲类

角足类

头饰龙类

畸齿龙科

剑龙类

鸟脚类

甲龙类

角龙类

肿头龙类

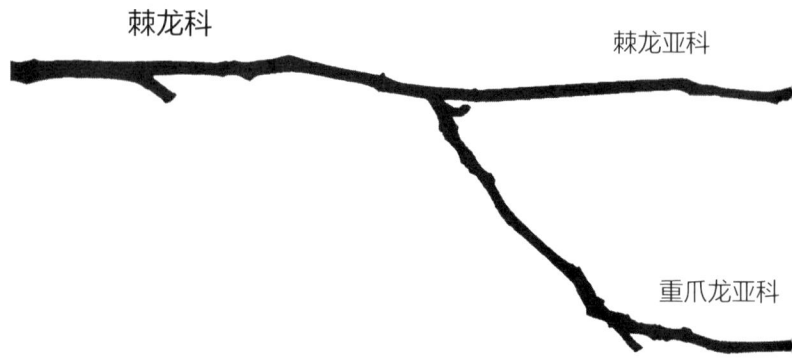

棘龙科位于恐龙谱系中更为完整的坚尾龙类分支上。仔细观察棘龙科，你会发现这个科有两个主要分支：重爪龙亚科和棘龙亚科。

重爪龙亚科有来自西非尼日尔的似鳄龙、老挝的鱼猎龙和英格兰南部的重爪龙。非洲的棘龙和巴西的激龙都属于棘龙亚科，表明激龙和棘龙关系最密切。

激龙

棘龙

鱼猎龙

似鳄龙

重爪龙

棘龙的近亲

激龙——被激怒的龙

7.5 米

激龙是在南美洲的巴西发现的。它身长约 7.5 米，重约 1 吨，大约生活在 1.1 亿年前的白垩纪早期。它的头部后面有一个头冠。像其他的棘龙一样，激龙也可能捕食鱼类。人们发现在翼龙化石的一块颈椎骨中嵌着一颗激龙牙齿，但不能因此确定激龙是在捕猎还是在食用这些爬行动物的尸体腐肉。

目前发现的唯一有意义的激龙化石是一块头骨化石。古生物学家意识到它可能是一个新物种，于是从一些非法出售化石的收藏家手中买下了它。化石收藏家们为了让它看起来更完整（价格更高），给它添加了大量的黏土和灰泥。古生物学家得知真相后非常气愤，被激怒后，他们就将这种新的恐龙物种叫作激龙。

鱼猎龙——鱼类掠食者

9 米

　　鱼猎龙是在亚洲发现的仅有的两种棘龙之一，化石只在老挝发现过。它身长 7.5 ~ 9 米，重约 1.5 吨，可能生活在 1.25 亿 ~ 1.13 亿年前的白垩纪早期。

　　到目前为止，我们对鱼猎龙的所有了解都来源于一个化石发现，包括九根棘、部分腰带骨和一根肋骨。

　　虽然我们还没有找到头骨，但这一发现已告诉了科学家鱼猎龙的一些特别之处：如此多的棘表明这只棘龙的背部至少有两个分开的帆状物。

似鳄龙——鳄鱼模仿者

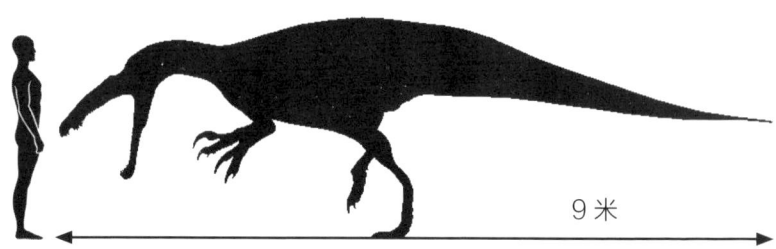

9 米

似鳄龙来自非洲，人们在尼日尔发现了它的化石。它长约 9 米，重约 2 吨。它可能生活在 1.25 亿年～1.12 亿年前的白垩纪早期。

我们对似鳄龙的了解主要来自一只亚成体动物（还没有完全长大）的化石标本。

似鳄龙的研究提醒了我们，如果想要区分不同的物种，需要更加仔细地观察化石。因为有时候各个物种化石之间的差别非常细微，而且到目前为止，我们也没有发现更多的似鳄龙化石。但它的骨骼有一些特殊构造，例如：鼻骨上一个小弓形隆起、稍大的尾椎骨，以及肱骨上一个小钩形块。这些特征提示我们它们是单独物种。

重爪龙——有巨大爪子的恐龙

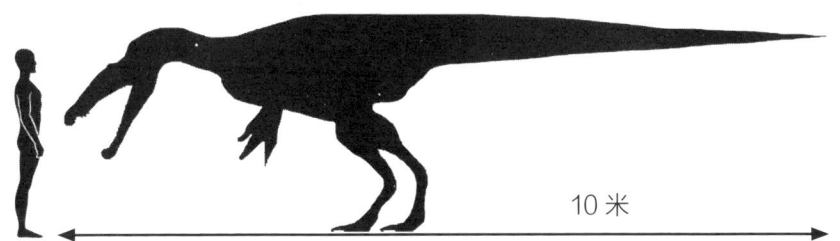

10 米

重爪龙来自英国，不过，人们在西班牙也发现了它的化石。它身长7～10米，重1～1.5吨。它可能生活在1.3亿～1.25亿年前的白垩纪早期。

它的每个前肢的第一指上都有一个非常大的爪子（大约30厘米长）。它的鼻子和下颌长而窄，看起来像印度的长吻鳄。鼻子顶部还有一个三角形的冠状物。

重爪龙的第一块化石是英国保存最好、最完整的兽脚类恐龙化石之一。它的胃部有鱼鳞化石残留，成为第一只有证据表明可以捕食鱼类的肉食性恐龙。另外，它的胃部还发现了一只小的禽龙的遗骸，但这是否说明重爪龙捕食其他恐龙或者以其尸体为食，我们不得而知。

小测试

你真的了解恐龙吗？

·谁是第一个发现鱼龙化石的人？

·理查德·欧文因发明了哪个词而闻名？

·棘龙生活在什么年代？

·现代的哪种爬行动物与棘龙相似？

·科学家们在鱼猎龙化石中有什么特别

的发现？

（答案见本书第88页）

第三章

揭秘恐龙

何时何地

恐龙生活的三个主要时期分别是三叠纪、侏罗纪和白垩纪。棘龙生活在白垩纪中期，距今1.12亿到9350万年前。在整个北非，尤其是摩洛哥和埃及都发现了棘龙化石。

在白垩纪，恐龙的种类比以往任何时候都多，肉食性兽脚类恐龙的种类也越来越多。当时地球上的景象和今天大不相同，世界上到处都是棘龙。

在恐龙时代早期，地球上大部分大陆构成了一个巨大的超级大陆，叫作泛大陆。泛大陆在侏罗纪时期开始分裂，到了白垩纪，它分裂成两个主要部分，南部的冈瓦纳古陆和北部的劳亚古陆。棘龙是在冈瓦纳古陆北部边缘发现的。当泛大陆是一整块陆地时，棘龙类似乎已演化出来了，而当这个超级大陆分裂时，激龙、似鳄龙和棘龙等物种也分别演化出来了。

早在白垩纪时期，棘龙就生活在北非温暖的湖泊、河流和滩涂附近，并在那儿捕猎。当时在非洲东北部有一片史前海洋，那里有很多红树林沼泽。天气又热又潮湿，季节不断变换。旱季，许多湖泊和河流可能干涸，使得像棘龙这样的肉食性动物更难生存。

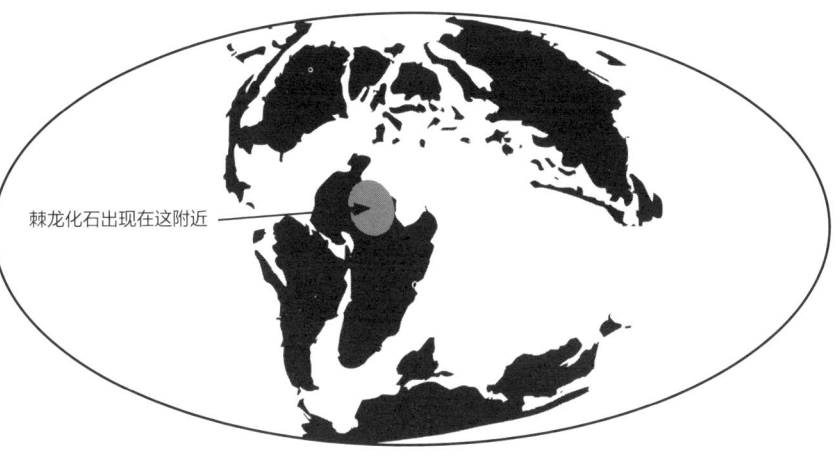

棘龙化石出现在这附近 ——

白垩纪中期的世界地图

棘龙生活的北非，是一个不同于今天的奇特的水世界。棘龙并不是这里唯一的大型食肉动物，它和巨大的帝鳄共享栖息地。这种超级鳄鱼身长可达 12 米，重约 8 吨（比现今任何一种鳄鱼都要大）。我们不知道这两个巨大的肉食性动物是否相遇过，但它们会偶然相撞还是非常有可能的。它们在一起打架吗？它们会互相追捕吗？我们可能永远无从得知。但如果能亲眼看到，那将是一件多么令人兴奋的事情。

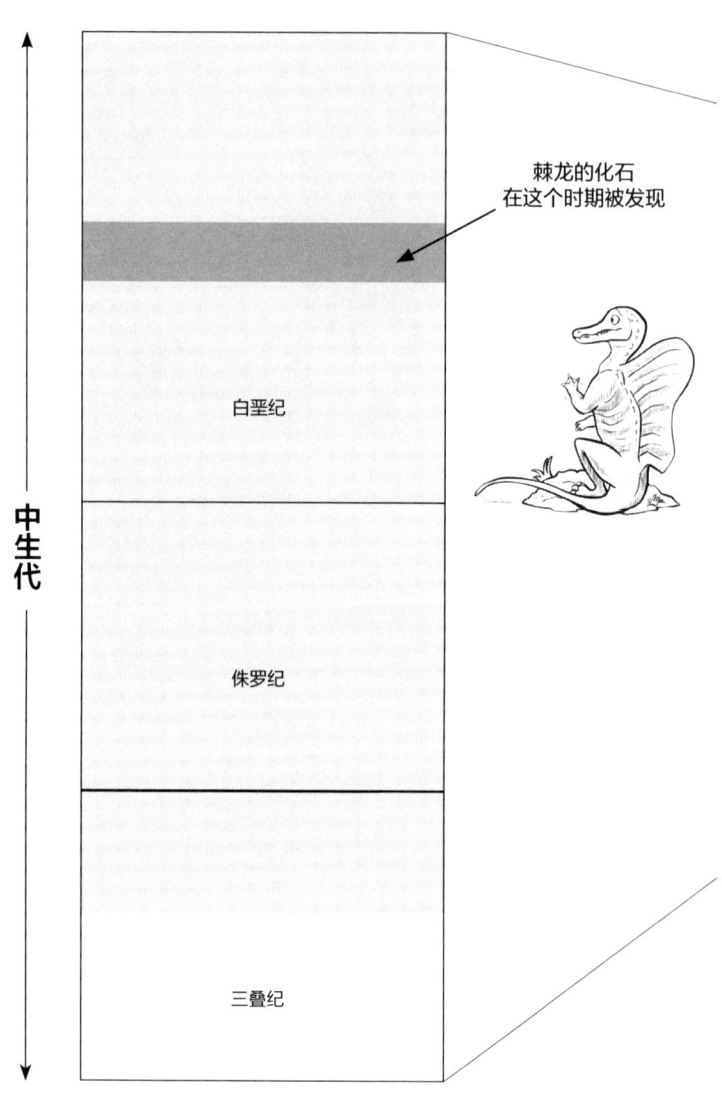

棘龙的化石
在这个时期被发现

中生代

白垩纪

侏罗纪

三叠纪

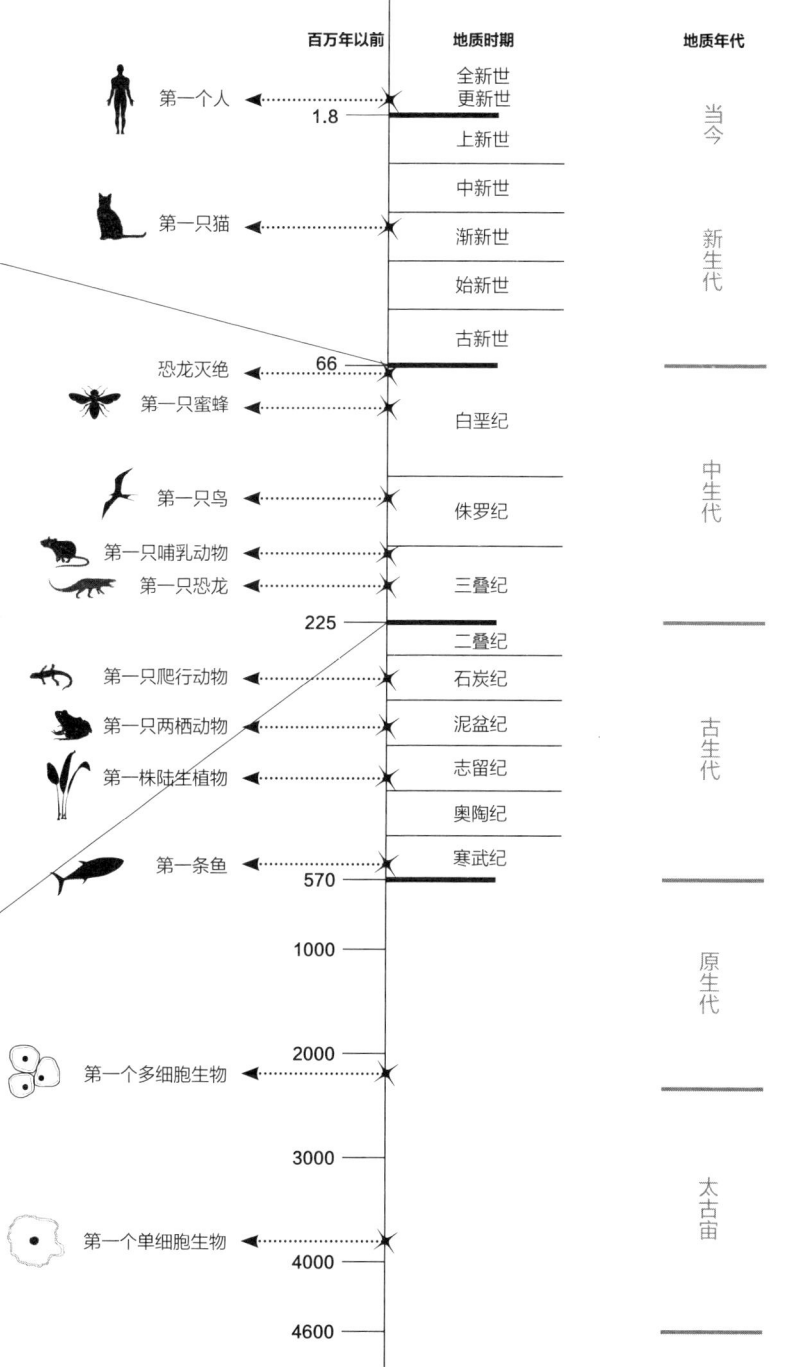

百万年以前　　　　地质时期　　　　　　　地质年代

第一个人	全新世 更新世
1.8	上新世
	中新世
第一只猫	渐新世
	始新世
	古新世
恐龙灭绝　66	
第一只蜜蜂	白垩纪
第一只鸟	侏罗纪
第一只哺乳动物	
第一只恐龙	三叠纪
225	二叠纪
第一只爬行动物	石炭纪
第一只两栖动物	泥盆纪
第一株陆生植物	志留纪
	奥陶纪
第一条鱼	寒武纪
570	
1000	
2000	
第一个多细胞生物	
3000	
第一个单细胞生物	
4000	
4600	

当今

新生代

中生代

古生代

原生代

太古宙

27

问问专家：
恐龙遭遇了什么？

从业余化石搜集者，到世界著名的科学家，

很多人都从事与恐龙相关的工作，

有的人去埋藏地挖掘化石，有的人在实验室做研究，

有的人像创作艺术品一般拼接恐龙的化石。

史蒂夫·布鲁萨博士

古生物学家

英国苏格兰爱丁堡大学

史蒂夫·布鲁萨博士在爱丁堡大学工作，

专门研究恐龙的解剖和演化。

我们将会问到史蒂夫以下问题：

恐龙到底遭遇了什么呢？

下面就是他的回答：

自从几百年前第一块恐龙化石被发现以来，人们就一直在问：为什么这些动物灭绝了呢？恐龙在中生代统治这个世界超过了1.5亿年，但是现如今长得像暴龙或者雷龙这样的大型生物都不复存在了。

那么到底发生了什么？古生物学家对恐龙灭绝的原因提出了许多猜想。或许是它们不能够适应气候或温度带来的变化，渐渐地消失了。

或许是遇到像大型火山爆发或者大面积洪荒灾害这些突如其来的灾难而导致它们突然灭绝。又或者，也许发生了更离奇的事情，比如病毒或者某种基因突变。

棘龙

以上的这些解释都只是猜想。直到20世纪70年代，科学家们终于收集到足够的化石证据，开始解释恐龙灭绝的原因。古生物学家意识到恐龙同时在全世界消失的时期是在白垩纪末期，大约6600万年前。许多其他的动物也在这一时期消亡：飞行类翼龙、大型海生爬行动物（如沧龙和蛇颈龙）、菊石和成千上万的其他物种。一定是什么东西一下子把这些动物都杀死了。但那是什么呢？

一个叫沃尔特·阿尔瓦雷茨的地质学家找到了答案。他在意大利研究白垩纪末期形成的岩石。他测试了岩石的化学成分，发现岩石中含有一种叫铱的奇怪元素。你可能从未听说过铱，因为它在地球上非常罕见，但是在外太空很常见。因此他有个大胆的猜想：也许6600万年前，一颗小行星从宇宙坠落，最终使恐龙灭绝。

当另一组地质学家在墨西哥发现了一个巨大的陨石坑时，这个猜想被证实了。

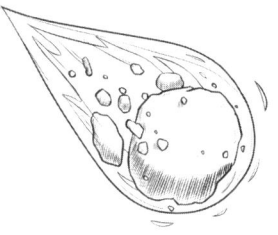

想象你站在 6600 万年前生活在北美森林里的暴龙的脚边。一切似乎都很平静。突然，天空中出现了一个大火球。它越来越近，直到撞击地面，引发了地震、海啸和火灾。这是一个不适合生存的时代。这可能是地球历史上最糟糕的一天。君王暴龙无法应对这些突如其来的灾难，因此死亡。其他恐龙也是如此。

好吧，并非所有的恐龙都死了。在小行星撞击地球后，一种特殊的恐龙幸存了下来：它们是体形小、生长迅速、脑袋大、喜欢吃肉、长着羽毛和翅膀的兽脚类恐龙。鸟类是从小型兽脚类恐龙演化而来的，也就是说鸟类的祖先是恐龙！当所有其他恐龙都灭绝时，鸟类从小行星撞击地球的混乱中飞出来，并一直活到现在。今天，鸟类已经有 1 万多种，它们就是现代恐龙！

第四章

探究恐龙

我们去游泳了。

棘龙的解剖结构

棘龙的骨骼

我们知道棘龙是最大的肉食性恐龙之一，也是有史以来陆地上最大的肉食性动物之一。但我们只有恐龙骨骼化石，要确切了解恐龙的重量是很困难的。有人说棘龙是地球上最大的肉食性恐龙，其他人则认为君王暴龙、巨齿龙和棘龙与它有一拼。

关于棘龙还有另外一个问题，那就是我们仍然不知道它的身体长什么样子……

它有两条腿，还是四条腿？如果它有四条腿，这么大爪子怎么走路呢？它是用趾关节、脚腕还是脚掌走路的？事实上，我们真不知道。

头骨

显然，演化不是人为的，它是一种自然力量。但如果你把它想象成一个人，那么它就像艺术家一样一次又一次地"重复"自己的想法，很少创造任何新的东西。许多不同的动物演化出相似的适应，这使得它们可以做同样的事情。棘龙就是一个很好的例子。尽管棘龙和鳄鱼不是近亲，但它们的头骨看起来却很相似。

很多人都说棘龙很像一只鳄鱼。看看这些头骨，你很容易就会认为它们是密切相关的，但它们不是。那么，为什么不相关的东西看起来很相似呢？答案是，环境塑造了演化，我们发现生活在同一个区域或吃同样的东西经常使不同的动物看起来相似。这被称为趋同演化。如果两个事物趋同，意思是它们的外表或行为都是一样的。

翼龙

鸟类

蝙蝠

最好的例子就是飞行。翼龙像鸟类和蝙蝠一样会飞。它们都有翅膀，但不是近亲。相反，它们演化是为了同一个目的——飞行！由于棘龙和鳄鱼都在水中狩猎，发现并捕捉鱼类，这自然导致了它们朝相似的方向演化。

这两种类型的肉食性动物都在水中捕食，所以在头骨细节上有很多共同点。如果这种特点对一种动物有用，其他动物为什么要改变它呢？

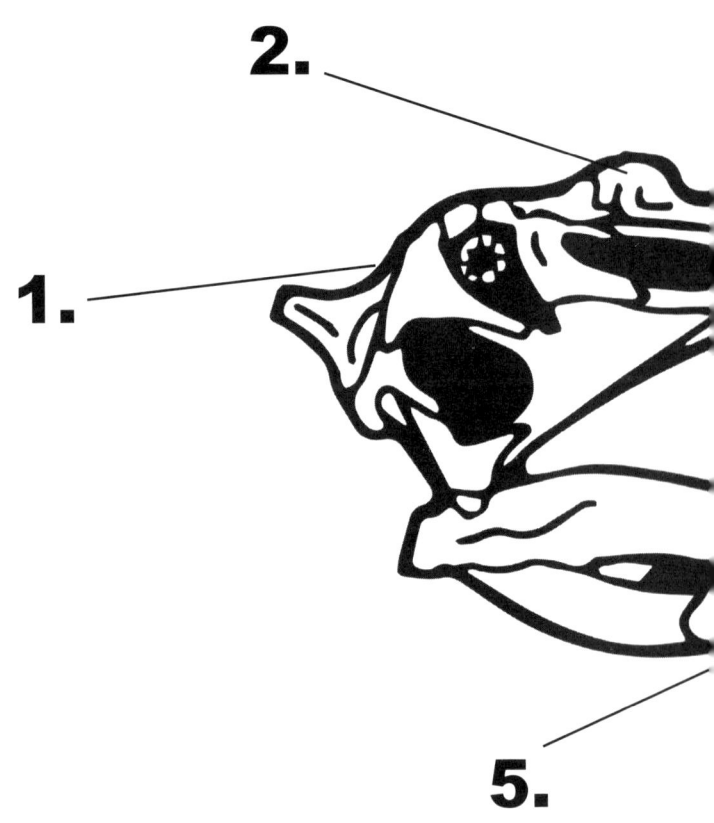

2.

1.

5.

1. 我们还没有完整的棘龙头骨，仅有化石碎片。但我们有一个比较完整的激龙头骨，它和棘龙非常接近，可以用它来推测。根据这些化石，人们认为棘龙的头骨约 1.75 米长，非常大！找个人量量你的尺寸，然后比一比，看看你和棘龙的头骨差距有多大。

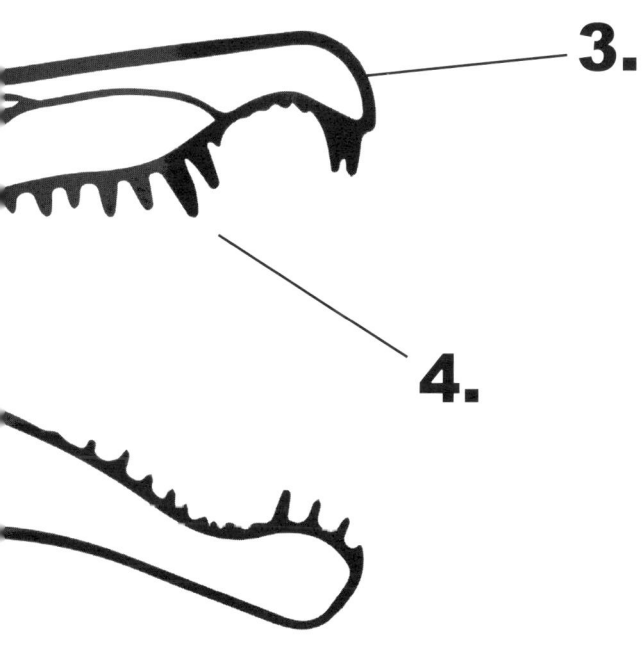

3.

4.

2. 棘龙鼻子的顶端，眼睛的前面，有一个小的、凹凸不平的冠。

3. 看看鼻子末端的小坑，但实际上它们看起来更像小孔，一直穿到骨头的另一边。虽然我们还不确定，但它们可能是压力传感器。我们认为，当棘龙把鼻子伸入水中时，它能感受到猎物发出的微小震动，就像鳄鱼一样。

4. 长长的头骨上有一个狭窄的鼻骨，它的末端是圆形的，这使得更多的牙齿依附其上。在上颌两侧的后端都有六七颗牙齿，并且在每一侧共有 12 颗牙齿。从前端往后端看，第二颗和第三颗牙齿比较大，接着是小牙齿，然后又是大牙齿。下颌的大牙齿紧密嵌合，成为抓牢滑溜溜的鱼的完美结构。

5. 当研究人员研究棘龙头骨的优缺点时，他们发现它并没有想象中的那么强大。他们将它与其他脊椎动物的头骨，如重爪龙，以及现存的鳄鱼家族成员进行了比较。虽然它的嘴咬合力强，但它抗弯曲力不好。这意味着棘龙不能吃掉其他恐龙，因为它们可比鱼挣扎得厉害，会给棘龙造成严重的伤害。

我们可以用骨骼和牙齿化石来做同位素分析。同位素是具有相同原子序数而质量不同的核素，分析它们可以告诉我们一切，比如：动物吃什么，住在哪里，以及几千万年前的气候是什么样的。

当科学家们对棘龙的牙齿进行同位素分析时，结果显示它们是半水生的（并且在水中或附近待了很长时间）。它们被拿来与其他兽脚类恐龙，如鲨齿龙，还有如今的海龟和鳄鱼做比较。结果表明，它们的生活方式不像其他恐龙，而更像这些现代水生爬行动物。我们相信棘龙在陆地和水中都待过一段时间。它可以捕食两种栖息环境里的猎物，无论在水中还是陆地上，都可以与其他肉食性动物竞争。

棘龙的骨架

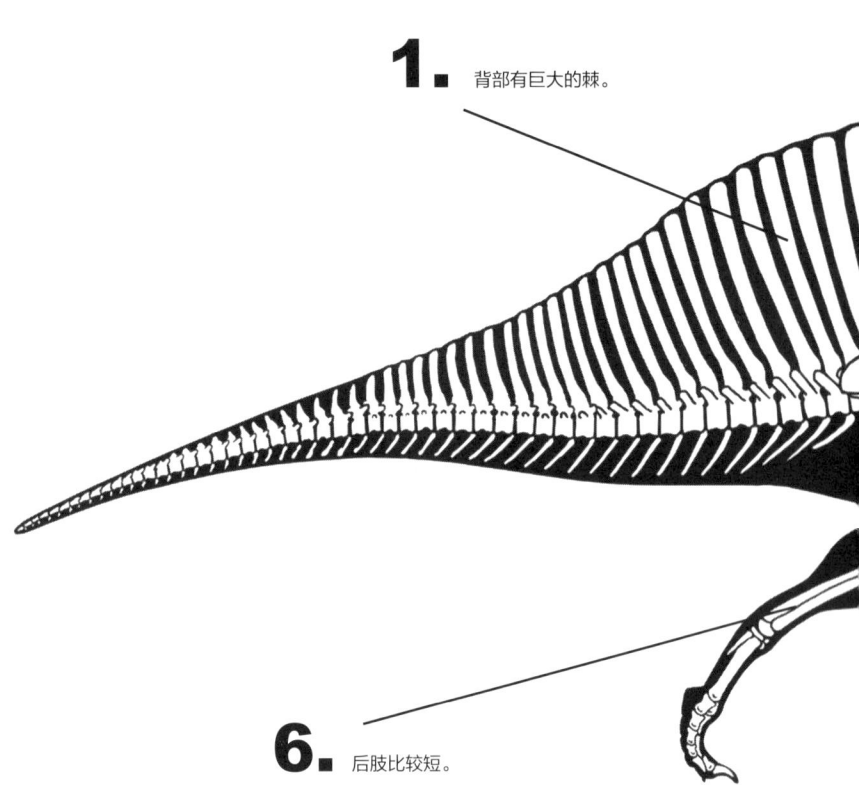

1. 背部有巨大的棘。

6. 后肢比较短。

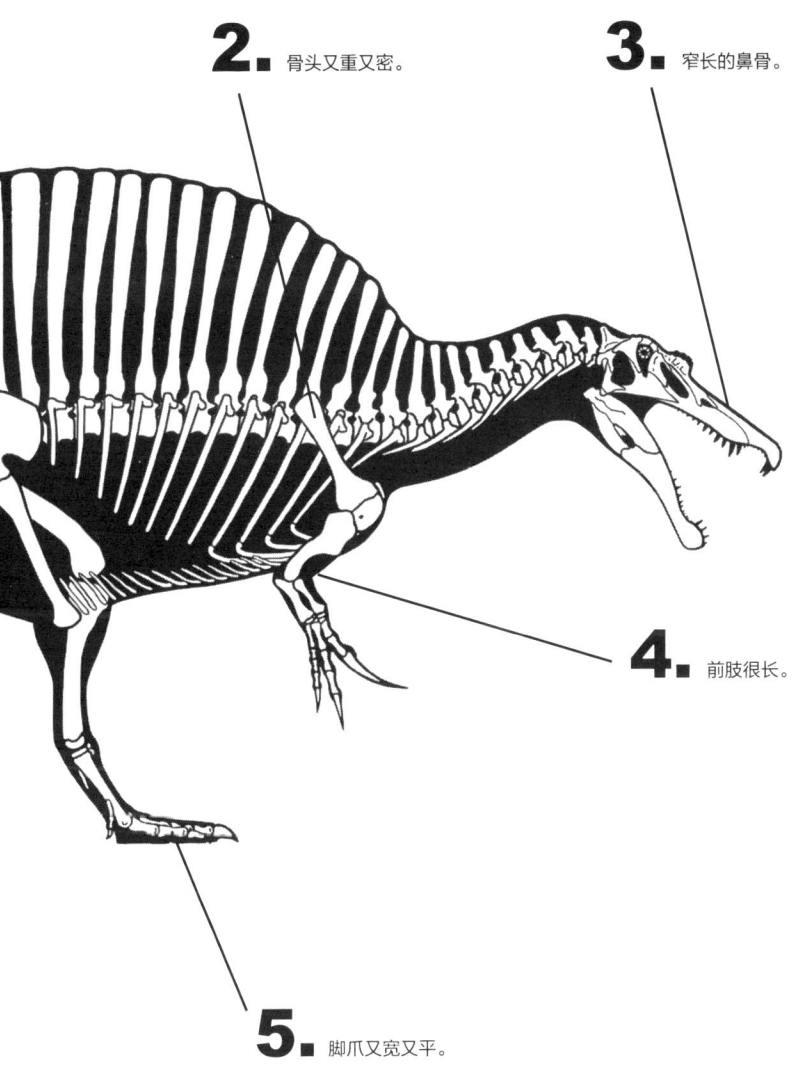

2. 骨头又重又密。

3. 窄长的鼻骨。

4. 前肢很长。

5. 脚爪又宽又平。

古生物学中最大的难题之一是化石记录不完整。如果只发现了一具骨架的一部分，那么科学家怎么能了解它的全貌呢？我们当然可以有一个好的想法，但它多是猜测（即使有好的科学支持）。这有点像收到的礼物是 500 块的拼图，但当你打开盒子，只有 25 块在那里。好吧，你可能对完整的图片应该是什么样子有个概念，但这并不容易。这是许多恐龙的问题，棘龙更甚。这个肉食性恐龙引起了很多争论，因为我们只有一些骨骼化石。而它是一只不断演化的兽脚类动物。

1. 棘龙最出名的是它的背部有一排巨大的棘。

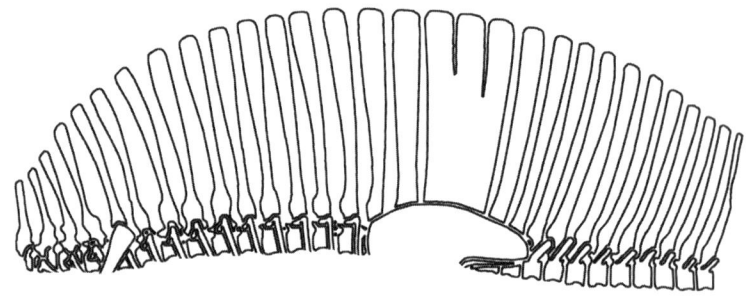

这些棘其实是椎骨上的长骨骼。其中一些棘可能长达 1.65 米。人类的一些椎骨上有小刺，它们大约有 2 厘米长，是棘龙的棘的 1/80。

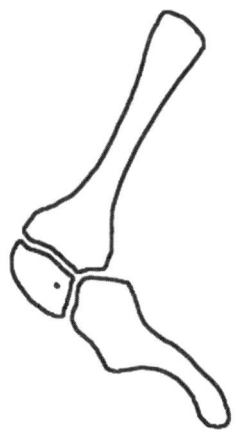

2. 棘龙的骨头又重又密。

兽脚类恐龙有很多共同之处。它们有几乎一样的轻质的骨头，这些骨头充满空气（像蜂窝一样）。像暴龙和异特龙（甚至今天还活着的鸟类）这样的动物都有类似的骨头。在这一点上，棘龙则不同，它的骨头又重又密。像鲸鱼、海豚和海牛这样的水生动物也有很重的骨头，有助于确保它们不总是浮在水面上。棘龙沉重的腿骨是它在水里能待很长时间的证据。

3. 头骨上有一个窄长的鼻骨，长着又长又尖的圆锥状牙齿。

棘龙身体的其他部分很奇怪，而头部看起来则像一个巨大的鳄鱼头骨安置在了上面。头骨上有一个又长又窄的鼻骨，而圆锥形的锋利牙齿则能够完美地快速抓住滑溜溜的鱼。

4. 它的前肢很长，每只前掌的第一根手指上都有一只爪子。

尽管棘龙的后肢相当短，但它的前肢（作为武器）很长。它每个前肢的第一指上都有一个大爪。像所有的兽脚类恐龙一样，棘龙不能扭转它的前肢，所以它的前掌是朝向地面的。如果不是这样的话，它的掌心会相对。

5. 棘龙的脚又宽又平，脚爪很宽。

棘龙是一种兽脚类恐龙。兽脚类动物的意思是"兽脚"，大多数兽脚类动物的脚又窄又灵活。然而，棘龙的脚又宽又平，爪子很宽。这些可能对于奔跑和追逐猎物来说没什么用，但对于在水中游泳或划水来说却是完美的。

6. 棘龙这种体形的兽脚类恐龙的后肢比你想象的要短。

鲸是从陆地上行走的动物演化而来的。当它们从陆地迁移到水下时，腿变得越来越短，有时候，它们的腿对于在陆地上行走来说太短了。棘龙较短的后腿给了科学家一个提示，那就是它是水生肉食性动物。

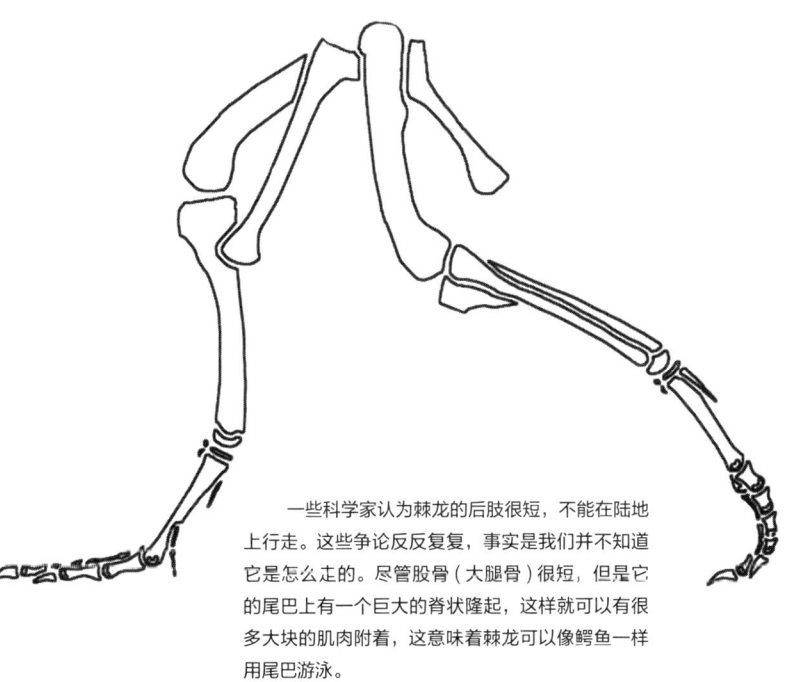

一些科学家认为棘龙的后肢很短，不能在陆地上行走。这些争论反反复复，事实是我们并不知道它是怎么走的。尽管股骨（大腿骨）很短，但是它的尾巴上有一个巨大的脊状隆起，这样就可以有很多大块的肌肉附着，这意味着棘龙可以像鳄鱼一样用尾巴游泳。

棘龙的身体

想象一下，有一种动物，它的体重几乎和四只非洲大象一样重，有着跟鳄鱼一样的头，身体像大号的暴龙，还有一个巨大的背帆沿着背部展开。现在想象一下它是如何走路的——它是用四足走路来支撑这么大的重量吗？它能用两条短而结实的后肢走动吗？它是怎么平衡自己的？它是用前肢支撑身体，像大猩猩那样用指关节走路，还是用"手"的一侧来承受巨大的重量？它能在陆地上行走吗？或者它只能待在水里，只有在陆地上产卵才出来一次？遗憾的是，你在这里找不到答案，因为我们对棘龙了解得太少了。

多年来，我们一直认为棘龙是一种两足的兽脚类恐龙，就像其他大多数恐龙一样。这听上去很有道理。它看起来就像一只背上粘了巨大帆

状物的一种兽脚类恐龙——巨型龙。后来，当重爪龙被发现时，人们发现它有强壮的前肢，可以四足行走，我们开始推测，也许棘龙也是这样。一些科学家认为，也许这些脊椎支撑着一个储存能量的巨大脂肪峰（就像我们今天在骆驼身上看到的驼峰），这表明它肯定是用四足走路的。

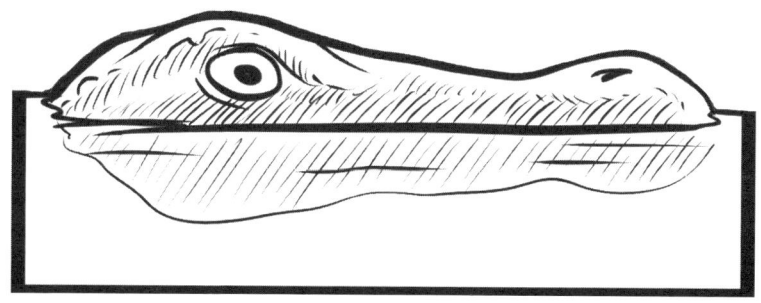

后来，又有人认为它们是两足的，但会用蜷曲的腿走路。这样看来，它是一种被拉伸、拉长的兽脚类恐龙，有长长的头骨和尾巴，以及短腿。在这种的新猜想下，很难想象它是如何行走的。我们都对棘龙有不同的看法。如果你问我，我认为这些大型肉食性动物大部分时间都待在水里，在那里，它们巨大的身体会得到支撑，它们与众不同的外形让它们能够游泳。我想它们是站着捕食的，水的力量也能够帮助它们。也许很快我们就会知道答案。

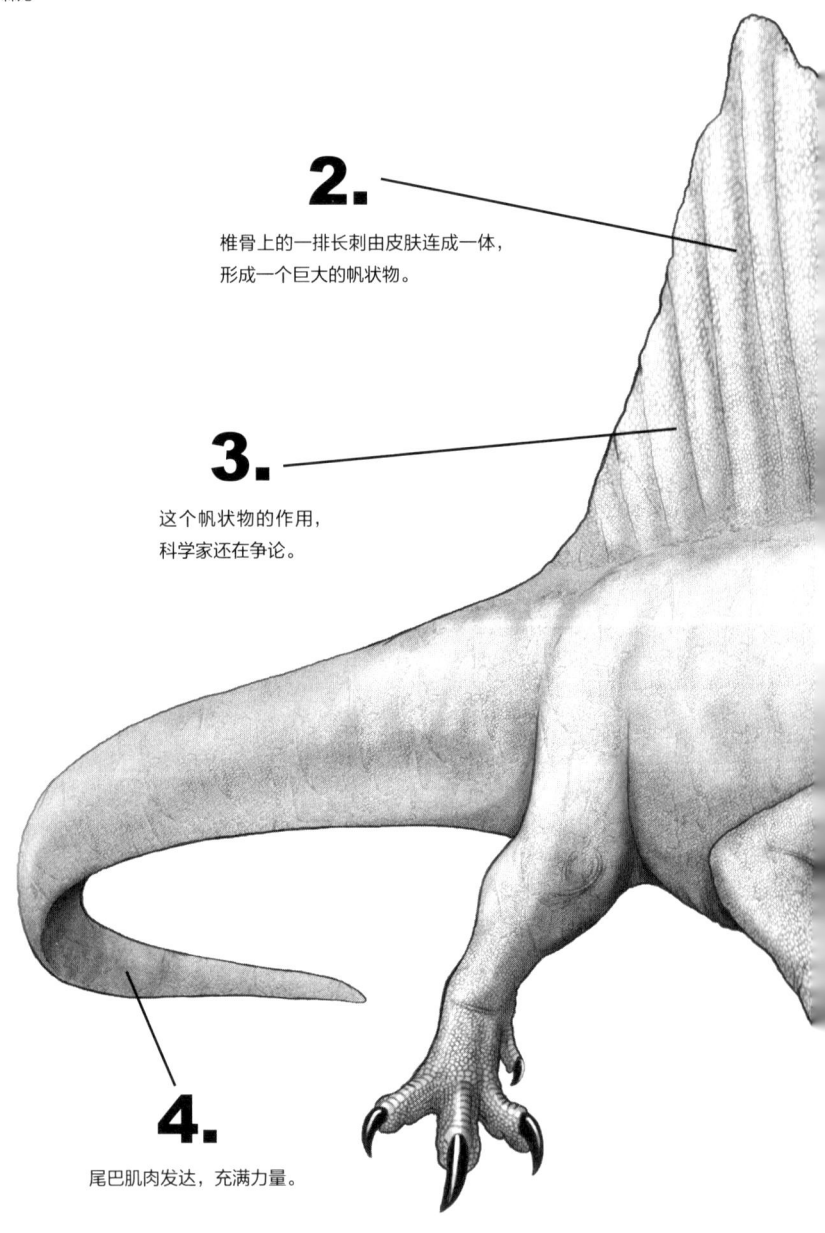

2.

椎骨上的一排长刺由皮肤连成一体，
形成一个巨大的帆状物。

3.

这个帆状物的作用，
科学家还在争论。

4.

尾巴肌肉发达，充满力量。

1.

鼻孔在上面，接近鼻腔。

1. 你多久会想起自己的鼻孔一次？你多久会感激它们一次？棘龙有完美的鼻孔。它们不在鼻子的末端（像鳄鱼那样），而在鼻子的高处。这意味着棘龙可以把鼻子的末端插在水下，张开嘴来捕捉鱼。因为鼻孔在脸的上方，所以它们的鼻孔就像一个通气管，这样就可以在捕猎的同时呼吸。

2. 我们称棘龙背部的大东西为帆，但它可能不是。我们猜想：椎骨上的这一排长长的棘是由皮肤连接起来的，形成了一个非常大（而且看起来很吓人）的帆状物。但由于古生物学家还没有发现任何有关棘龙皮肤印记的化石，因此我们还不能完全确定。

3. 是时候谈谈帆了……这是所有恐龙中最著名的一种结构，但它的作用是什么呢？记住，任何演化都是有原因的——长颈鹿的长脖子、变色龙滑稽的眼睛和鹰的爪子都有各自的作用。棘龙的帆也一样，并在某种程度上帮助了它。目前有以下有几种推测。

其一，体温调节。

这意味着帆可能用来调节体温。我们不知道恐龙是如何调节体温的。它们是恒温动物，靠自发热来维持身体热量，就像哺乳动物和鸟类那样；还是它们是变温动物，像爬行动物和两栖动物那样；或者是介于两者之间是中温动物，像金枪鱼和灰鲭鲨那样？

也许棘龙需要温暖它巨大的身体，尤其是当它在水里待很长时间时。如果帆状物的皮肤下面有许多小血管，那么也许它们可以温暖这只大恐龙——这是一种最早的日光浴形式。

或者帆也可以降温——以相反的方式运用血管网。大象用耳朵帮助它们在热的时候降温。也许在白垩纪北非炎热的环境中，这张帆是棘龙用来降温的。

其二，储存能量。

一些科学家认为，这些棘充当了一个巨大的脂肪峰。当没有足够的食物（也许是在干燥的季节）时，一个储满能量的脂肪峰可能会让棘龙存活下来。虽然现在没有哪个物种有这样的峰，但最接近脂肪峰的就是骆驼的驼峰。

其三，水动力游泳。

想象一下，你控制着演化，并且能够设计一种完美的会游泳的动物。你肯定不会将它设计成一块砖的形状，因为这样无法在水中穿行。所以，你会把它设计得窄而光滑，这样它就能在水中轻松快速地移动。这种游泳，就可以说是水动力游泳。也许棘龙的帆帮助它游得更好。它看起来有点像旗鱼的矩形帆，可以用来防止大型肉食性鱼类在游泳时身体左右晃动。也许棘龙的帆也以同样的方式帮助这种大型的兽脚类恐龙在水中移动。

其四，展示。

许多动物展示自己，要么是为了吸引配偶（比如孔雀），要么是为了警告其他人"走开，这是我的地盘"，要么是为了吓跑捕食者。好吧，可以肯定地说，因为棘龙可能是有史以来最大的陆地掠食者，没有人试图吃掉它们，所以它的帆并不是用来吓唬掠食者的，看起来有可能是用来展示的。

如果它们用来吸引配偶，那么我们可以推测，雄性和雌性的帆的大小会有所不同（就像孔雀尾羽和鹿角只用于雄性展示）。

如果一条河上有不止一只棘龙在捕猎，那么每只都想找到最好的捕鱼地点。但如果它们是伏击者，它们就必须保持静止不动。也许这张帆就像一面旗帜，向其他人清楚地表明了这只动物的大小和力量，几乎可以补脑一场它们之间的战斗。如果棘龙站在河岸上，嘴巴或者身体浸在水里，只有鼻子和帆露出水面，那么这种展示就会奏效。我想这张帆是用来宣示领地的。但就像关于棘龙的很多问题一样，我们仍然不确定。

4. 兽脚类恐龙的尾巴经常扮演鳄鱼尾巴的角色，来保持恐龙身体的平衡。如果没有这条又长又重的尾巴，这只动物可能头重脚轻，甚至会向前倒下。而且，棘龙的尾巴也有额外的用处。它的尾巴根部看起来肌肉发达、充满力量，游泳时，尾巴可以在水中提供动力，这使得棘龙成为强壮的游泳健将。

狩猎

毫无疑问，棘龙是一种凶猛的恐龙。它是如何捕猎的呢？观察恐龙的骨骼和解剖结构可以给我们提供线索，棘龙身体的不同部位暗示了不同的狩猎方式。

就像水里的鳄鱼

看到棘龙的头骨，我们就不能不想到鳄鱼的头骨，因为它们太相似了。形状相似，牙齿也看起来几乎一样。而且鼻子末端也有小洞和小坑，这能帮助它感知水中的振动和压力的变化。也许棘龙就像鳄鱼一样在河里游泳，捕捉大鱼。

就像岸上的苍鹭

当鱼游过去时，苍鹭站在那里几乎一动不动。但它的头部会以闪电般的速度移动，冲入水中捕捉猎物。也许棘龙也是一个伏击猎人，站在岸边，几个小时盯着水面一动不动，直到一条毫无防备的鱼从旁边经过。棘龙确实有一个非常灵活的脖子，可以让它快速出击。也许，棘龙站在浅水的河岸上，像苍鹭一样捕食大鱼。

就像一群长尾鲨

看到棘龙就很容易联想到所有的"大"东西……鳄鱼一样的头，巨大的爪子，奇怪的帆，可能有助于狩猎的尾巴。一些水生肉食性动物，比如长尾鲨，它们长而灵活的尾巴可以迷惑甚至打昏猎物。也许棘龙用它的尾巴来捕猎，甚至可能像长尾鲨那样成群捕猎，以确保它们的捕猎更加有效。

棘龙可能像鳄鱼、苍鹭或长尾鲨一样捕猎，也可能同时像这三种动物。究竟是怎样的，我们不知道。看看这种巨大的水生肉食性动物非凡的身体和解剖结构，再联想今天仍然存活的动物，也许能帮助我们解开另一个棘龙之谜。

第五章

恐龙地盘

栖息地与生态系统

在棘龙生活的年代白垩纪中期（1.12 亿～ 9350 万年前），地球上还生活着其他非常著名的恐龙。我们了解了很多来自北美洲、南美洲、亚洲、欧洲甚至南极洲的不同物种，但是史前非洲仍然是一个谜。我们知道一些物种，但不知道它们长什么样。如果它们不是最大的，那么棘龙肯定是该地区最大的肉食性动物。

与此同时，棘龙的周围还分布着其他大型肉食性动物，但它们的身体告诉我们，它们吃的是不同的东西，因此可能不会与棘龙争夺食物。鳄鱼、鱼类（包括鲨鱼）、海龟、蜥蜴、蛇颈龙和一些大型蜥脚类动物

巴哈利亚龙

鲨齿龙

皱褶龙

三角洲奔龙

潮汐龙

埃及龙

豪勇龙

也在同一地区出现。你能认出以上的几种动物吗？

北非的兽脚类动物看起来各不相同（身体和头骨形状上），因此它们可能会在生态系统中占据不同的位置，这意味着它们可能会吃不同的东西，有不同的狩猎方式。这很像现在非洲大草原上的动物，想想豹子、狮子和猎豹，它们都是猫科动物，但因为身体形态不同，它们的行为也不同，它们以不同的方式捕猎，这意味着它们彼此之间的竞争较少。

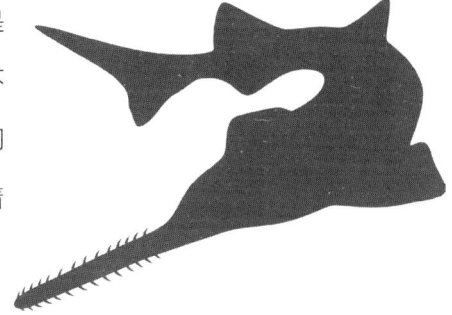

　　尽管大多数恐龙生活在干燥的陆地，但棘龙似乎更偏爱与其他恐龙不同的栖息地，它们生活在近岸地带、河流或者是海岸附近。它们可能生活在红树林沼泽和森林中，在那些每天被潮水冲刷两次的地方和裸露着树根的高大树林中捕猎。这些树的生命力非常顽强，能生存在比大多数植物能承受的盐度高 100 多倍的水中。沼泽孕育出丰富的鱼类和其他生物，这些能够为饥饿的棘龙提供非常丰盛的食物。

　　那么，强大的棘龙吃什么？我们都说它吃鱼（对它的身体的适应能力来说肯定是没问题的），但证据是什么呢？首先，这个地区有很多大鱼。在棘龙捕猎的水域发现了大型的肺鱼、庞大的锯鳐和巨大的鲇鱼。所以，鱼的供应是很充足的。

此外，还有一些化石证据。人们在一块它的近亲重爪龙的化石中发现了鱼鳞的迹象，表明一些棘龙确实吃鱼。

它们就吃这些吗？嗯，似乎不是这样。人们还发现，在它的胃里有一只幼年禽龙的骨骼。

人们在南美洲的翼龙化石中发现了一颗棘龙的尖牙。这告诉我们，虽然棘龙确实吃鱼，但它们也吃其他恐龙和史前动物。然而，我们不知道它们那是捕猎还是在食腐的结果。

小测试

你真的了解恐龙吗?

· 棘龙的头骨有多长?

· 棘龙的化石是在哪里被发现的?

· 棘龙身体的什么特征给了科学家线索,

  暗示它们可能是水生肉食性动物?

· 棘龙生活在什么类型的栖息地?

· 水动力游泳是什么意思?

(答案见本书第 89 页)

科学前沿：
如何重现和描绘
恐龙

随着科技的进步，我们对恐龙和其他史前生物的了解程度也在不断深入。我们现在可以用激光扫描化石，我们用特殊的计算机程序来了解史前动物是如何走路、奔跑或飞行的，我们几乎每天都在发现新的化石。在过去的几年里，有一个科学领域得到了真正的发展，那就是恐龙艺术。我们如何从科学研究中获取信息，并制作出精确而令人惊叹的素描、绘画和数字图像呢？我们需要一位史前艺术家，一位能够真实还原恐龙的艺术家。然而，没有谁比我们这套书的绘者加布里埃尔·乌格特更能胜任这项工作了。

他是这样描绘棘龙的。

试图重构一种已经灭绝了数千万年的动物，一种人类从未见过的动物，并非易事。通常，在我开始画画之前，需要花费数小时研究，包括阅读许多科学论文。在画了几幅不同姿势的棘龙草图后，我选择了与这些不同的一个。在这个草图中显示了拉长的鼻子、背部的背帆和它有力的手爪。

对一些已经灭绝的动物进行骨骼解剖结构研究（包括一些恐龙物种的骨骼解剖结构研究）是一件众所周知的事。我在绘制骨骼图之前，通常先研究骨骼化石。不幸的是，大多数恐龙骨骼是不完整的，支离破碎的，或者是经过数百万年强烈地质作用而压碎的。因此，在让恐龙变得栩栩如生之前，我必须先重构它们的骨骼。我们从六个不完整的标本中了解棘龙，因此我通过这些不同个体的碎片对棘龙骨骼进行了重建。事实上，很多骨骼都遗失了，所以我把它们和相近物种的骨骼做比较。我用这个办法来弥补化石证据缺失的不足。

骨骼可以告诉我们很多关于动物外形的信息。虽然在活着的时候，它们的形状几乎总是被皮肤和肌肉所覆盖，但骨骼给了我们关于肌肉大小和它们是如何附着在骨头上的线索。重构棘龙的下一步是在我搭建的骨架上增加肌肉和脂肪。鳄鱼和鸟类等动物的肌肉形状帮助我重构了整体的外观。有时，骨骼纹理也能告诉我们皮肤或外部覆盖物的样子。例如,伶盗龙的臂骨化石保存了一系列的羽茎瘤,这些羽茎瘤说明有大型羽毛曾长在不同位置。很少有像皮肤、鳞片或羽毛这样的软组织成为化石,但现代鸟类的翼骨上也可以看到类似的羽茎瘤。这给了史前艺术家们很多额外的信息,比如皮肤的纹理或者鳞片的形状。这样的发现让我们对许多恐龙物种的羽毛分布有了一个很好的了解。

对我来说,对现存生物的解剖结构、总体外观和行为的透彻了解是极其重要的。了解现代恐龙(今天的鸟类)和它们的近亲鳄鱼类的解剖结构和行为,对我重构灭绝的恐龙有很大帮助。

最后，我尽可能多地了解恐龙时代的气候条件和生态系统类型。这类信息可以帮助我确定恐龙的颜色、脂肪含量，以及它在生活中呈现出的基本形态。然而，重要的是要记住，在重构已经灭绝的动物时，我们不知道的东西仍然很多，这意味着史前艺术家经常需要大胆猜测。

关于棘龙的外观，我们一无所知。它的身上布满鳞片吗？又或者它皮肤上小范围的地方有像头发一样的细刺吗？我们不知道。基于它的大小、在恐龙家族树中的位置以及它的习性，我选择给棘龙一个有鳞的皮肤，并在它的颈部覆盖一些细刺，这可能是来自某种有刺祖先的遗传。

借助之前提到的所有方法，史前艺术家能够以较高的准确度重构恐龙。现在，我们比以往任何时候都更能重现恐龙活着时的样子。能成为一名史前艺术家，我很幸运，因为在这个时代，这么多有趣的发现让我们更清楚地了解了恐龙的世界以及它们的生活方式。

第六章

恐龙快闪

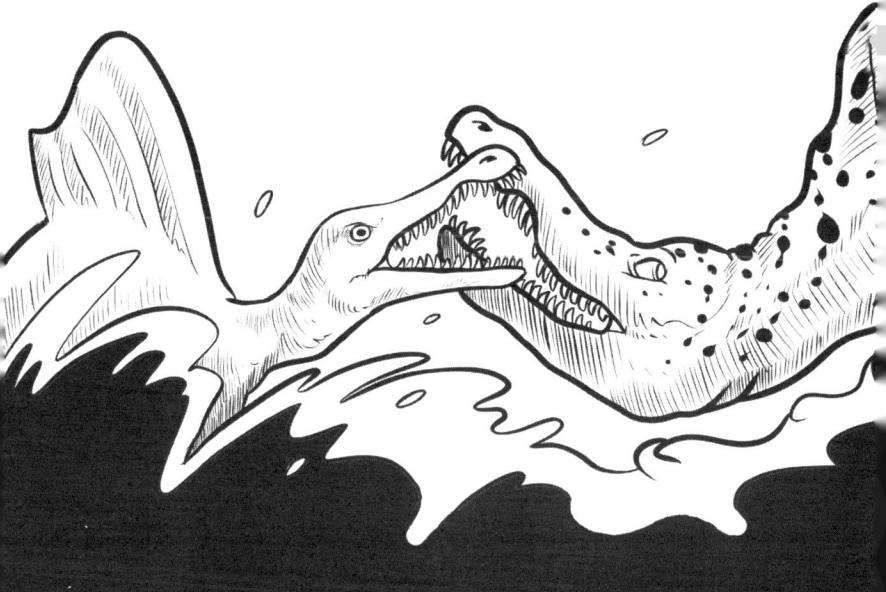

进化军备竞赛

有很多因素会导致演化，使一个物种随时间而改变。这个因素可能是一个特殊的栖息地，比如在寒冷的北极，海象通过身上大量的脂肪来保持温暖，通过敏感的胡须在寒冷黑暗的水中捕猎；也可能是进食技巧，想想眼镜蛇以及它们出色的感知力和毒牙。有时候，捕食者和猎物之间的竞争推动了演化，比如奔跑速度惊人的猎豹和灵活躲避捕食者的瞪羚。有时候推动演化的力量来自同类。比如，有时候，动物需要向同类展示自己的强大以圈出自己的领地。

战斗开始

这是 9700 万年前白垩纪中期一个漫长而炎热的下午。事情发生在当时的埃及，但它看起来和今天有很大不同。河流、小溪和沼泽纵横交错。在一条又宽又深的河边，矗立着一丛丛茂密的棕榈树。经过岩石和沙子数百万年的过滤，水流缓慢，清澈见底。长长的、郁郁葱葱的水草在水流中摇曳，翼龙在河流上空滑翔，幼龙则在猛咬巨大的蜻蜓。这个景象看起来那么平静，但不会持续太久。

在演化过程中，适应的背后总是有原因的。动物身上长有条纹、刺、羽毛或其他结构，总有明显的原因。这就是所谓的自然选择，这改变了动物的身体或行为，使得物种能更好地生存、繁衍，生生不息。

但是有时，动物的某些结构看起来真的很笨拙，实际上增加了它被捕食的概率。似乎很奇怪，不是吗？为什么动物反而演化出增加被捕食概率的结构？其实有时候这些看起来笨拙的结构是为了展示出它们多么强壮，多么有活力。这意味着它有更多的机会找到伴侣并繁衍后代，因为这样看起来很迷人。

最好的例子就是孔雀的尾羽。雄性孔雀的尾羽很大。事实上，这样又大又重又艳丽的尾羽，让捕食者更容易抓住它们。尽管如此，它还是成功地活了下来，向未来的配偶展示了雄性是多么强大。所以，尽管有些变化看起来很奇怪（甚至毫无用处），但总是有原因的。

棘龙巨大的嘴冲出水面，扑向那只贴近水面的年幼翼龙。但是这个会飞的小肉食性动物却猛然飞向一边，去相对安全的地方寻找食物了。

这只棘龙的巨颌再次下沉到水面下，一缕水雾从它的鼻孔中喷射出来，在炙热的高温下形成了一道美丽的彩虹。棘龙继续潜水，它强壮的尾巴慢慢地左右摆动，在河中寻找猎物。

棘龙穿过冰冷的河水，背帆划破水面，这时它看到了一只雌性棘龙。它远比雄性棘龙大，而且巨大的帆上有一排又粗又黑的条纹。雌性棘龙在浅滩上休息，嘴里咬着一条锯鳐。锯鳐虽然很大，但在这种巨型水生恐龙面前就相形见绌了。这只雌性棘龙用有力的爪子撕扯并吞下新鲜的肉。

由于这一年的旱季持续时间太长，食物更难捕获，这使得雄性棘龙非常绝望。通常情况下，像这样巨大的两只棘龙会互相看一眼，看看谁更大更强壮 —— 谁会赢得这场战斗。但是现在生活很艰难，尽管雌性棘龙个头大得多，而且还有食物，雄性棘龙还是决定游过去。

雌性棘龙先察觉到了雄性棘龙的存在。它鼻子上的传感器捕捉到了雄性棘龙在水中泛起的细微涟漪。雌性棘龙抬起头，拱起身子，让雄性棘龙看到它的背帆，仿佛在说："走开。"但雄性棘龙游得更近了。雌性棘龙把大锯鳐扔到水里，把嘴张得大大的——嘴里面的白色，在它黝黑的身体衬托下显得更加苍白。这也是警告雄性棘龙的一种迹象。雌性棘龙不想和雄性棘龙动手，但如果雄性棘龙不离开，它就会动手。雄性棘龙还是向前匍匐前进。它想捕到这条鱼。雌性棘龙甩动尾巴来示威，搅动着水中的沙子。所以有那么一会儿，它们看不见彼此了。雄性棘龙继续向前游动。它捕到了鱼，鱼血的气味从它的鼻子里冒出。周围的水域依旧浑浊。那头巨大的雌性棘龙看不见了，或许是惊恐地逃跑了吧。

突然，雌性棘龙以惊人的速度冲向雄性棘龙，并把雄性棘龙撞倒。当雄性棘龙跌倒的时候，它张开嘴，嘶嘶地大声叫着，吞下了很多河水。这只巨大的雌性棘龙溜回深水中，身体呈拱形，展示着它的身形和力量。雄性棘龙跟在后面，准备战斗。在食物如此匮乏的时候，这两只肉食性恐龙都准备好来场殊死搏斗。水很深，两只恐龙都转着大圈，互相注视着。雄性棘龙朝雌性棘龙游去，用长长的下巴咬住雌性棘龙的尾巴，同时，那弯曲的尖爪也扎进了雌性棘龙的尾巴，雌性棘龙狂叫着，试图挣脱。雌性棘龙转过身来，用爪子钩住雄性棘龙，撕扯着它的背帆。它们翻滚着，抓着，撕咬着。它们已经筋疲力尽，需要浮出水面呼吸。雌性恐龙试图挣脱，爬到水面，但雄性棘龙的爪子仍在雌性棘龙的尾巴里，没有松开。雌性棘龙使劲地甩了甩尾巴，猛地跳了起来，雄性棘龙紧紧地跟在雌性棘龙后面。两只恐龙立即冲出水面，喘着气。呼吸足够的空气后，又一次潜入水下。

　　它们的背帆看起来闪闪发光，雌性棘龙再一次转动它的身体来展示那令人印象深刻的背帆。但是雄性棘龙太饿了或者太笨了，没有注意到这个警告。雄性棘龙向前冲，嘴巴张得大大的。它们咬在一起，用尖尖的锥形牙齿撕咬对方。它们的长下巴啪的一声合上了，互相推搡着，扭打着，不停示威。雄性棘龙设法用爪子抓着雌性棘龙的脖子，并牢牢地掐住。雌性棘龙比雄性棘龙大得多，也比它强壮得多，但雄性棘龙跑得更快而且饥饿让它有信心赢得这场争斗。当雄性棘龙黄色的眼睛在清澈的深水中闪闪发光时，它几乎能闻到这条将被它捕捉到的锯鳐的味道。它用强壮的尾巴使劲地击打雌性棘龙。

　　然而这些巨大的棘龙不是为战斗而生的。它们用自己的背帆、强有力的尾巴和宽大的嘴巴来展示自己，给人留下深刻的印象。战斗对它们来说太危险了。现在彼此都受伤了，士气大减，雌性恐龙正在失去优势。

　　巨大的雌性棘龙感觉到自己越来越虚弱。它已经好几个星期没吃东西了，所以没有力气。它需要逃跑。这时雄性棘龙松开了嘴，试图重新调整一下咬合姿势。雌性恐龙看到了机会，反而狠狠地咬了它一口。雄性棘龙松开了它的利爪，它们的双颌紧紧地卡在一起。雄性棘龙开始转动身体，但雌性棘龙猛地扭向相反的方向。由于雌性棘龙的牙齿嵌进了雄性棘龙鼻子的上部，它的扭转施加了巨大的力量。虽然棘龙的鼻子可以轻微地向上和向下弯曲，但它根本不能扭转。雌性棘龙继续在水中翻滚，疼痛使雄性棘龙朝同一个方向转动身体，但雄性棘龙不够快，而且对方力量太大了。雄性棘龙的上颌在靠近鼻孔的地方折断了。

　　雄性棘龙松开爪子，向后退。当它的鼻子下沉到河床的底部时，它痛苦地挣扎着浮出水面，呼吸困难。雌性棘龙跟在雄性棘龙后面，准备杀死它。但雄性棘龙使用强大的尾巴和灵活的脖子从水里快速逃脱了。雄性棘龙还活着，伤得很重，但它还能去捕猎。它不得不学习如何只使用爪子狩猎，但它下次不会忽视一只巨大的雌性棘龙的警告信号。

　　虽然我们没有发现断掉上颌的棘龙化石，但我看到过很多没有上颌的尼罗鳄。我过去在乌干达的一个国家公园居住时，有时会看到这样伤势很严重的鳄鱼。虽然我从来没有看到过这种打斗，但我常常想象当时的场景。因为棘龙在很多方面都和鳄鱼很相似，也许它们也有过同样的打斗。

棘龙

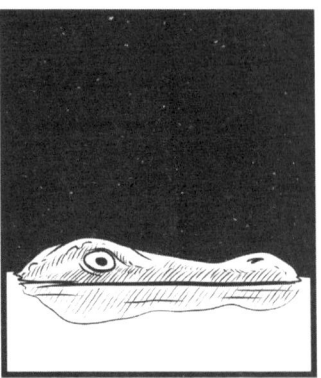

实操训练：

化石发掘者

通过"给孩子的恐龙书"这套书中的"化石发掘者"章节，你已经知道了化石是如何形成的，在哪里寻找不同的化石，在收集化石时如何完好保存，甚至如何使用石膏和"酸"来清洗它们。但接下来呢？一旦你有了化石，你会怎么做？这取决于你。你可以把它们放在架子上或者抽屉里，因为它们很酷。或者你可以像一个真正的科学家那样开始收藏它们，这样的话，你需要做很多笔记。

所有的科学家和博物馆馆长都对他们的每一个标本做了详细的记录，从何时何地发现到物种鉴定。如果你能做到这一点，那么你将成为一名真正的科学家或为成为博物馆馆长做好准备。如果你拥有的某块化石非常重要，你可以借给或者赠送给博物馆，然后提供你所了解到的全部信息，而不是"嗯，我大概在三年前或六年前在苏格兰西部发现它们，或者是英格兰南部"这样粗略的信息。相信我，你当下可能还记得，但是当你有几百块化石或者你年纪大了时，你会开始忘记这些小细节。

你需要一个笔记本，一支钢笔或铅笔，一个罗盘，还有一个相机（不是必需的，有的话更好）。

首先，你需要了解你的化石的所有信息（在科学界我们称之为

数据），它包括化石是什么时候在什么地方被发现的。让我们来想象一下你发现了菊石化石，如左图所示。

我在下面做了一个模板，你可以在你的笔记本上使用。你也可以根据实际情况的需要来增加或调整一些东西。当你发现化石后就可以填写表格了。

你收集的所有东西必须要有一个化石编号，而且每个编号都要不同。你可以按照规则来制定一个帮助你区分化石的编码。它可以告诉你发现化石的日期和发现者。比如化石编号"18BG001"，这个编号的含义大概就是：前两个数字代表年，所以"18"代表的是在 2018 年发现的；接下来就是发现者名

18BG001

化石编号 _____

化石种属 _____

发现日期 _____

发现地点 _____

发现地层 (组) _____

素描图

说明：

字的缩写，这里的"BG"表示"Ben Garrod"，也就是我；最后三个数字代表在本年度发现的这个化石的序数序，001就是在告诉我们这是在2018年发现的第一块化石。

当你在搜索某个化石种类时，翻阅大量的书籍和上网搜索可以帮助你确定正确的化石编号。你需要确认的一点就是你要找的化石种类在当地已经被发现。这就好比无论你费多大的力气，它们看起来有多相似，你也不可能在英国找到棘龙的化石。很多物种看起来都很相似，所以只能通过一些细微差别来加以区分。

填写发现化石的日期虽然简单，但是很重要。其次就是发现地。想象一下你在英国西南海岸发现了菊石化石，那么具体它是来自哪里呢？你能缩小范围吗？你可以说一个比较接近的小镇或者村庄的名字。让我们假设它是惠特比海滨小镇（以侏罗纪化石而闻名）。

接下来的问题稍微有点棘手，但将测试你作为一个年轻科学家的技能。它是如何形成的？例如，它是在侏罗纪还是白垩纪？是石灰岩还是泥岩？你需要做一些研究，但这将有助于你了解它。

最后，画一些草图。可能你不是很有艺术天赋，但这无关紧要。你只需要观察细节并照着画出它们。如果你发现了一个菊石，不要画成这样(如右图)这种画不能呈现太多信息。它看起来有点像蜗牛，也像菊石。仔细看看你的化石，它有隆起的地方吗？这些隆起的靠在一起，还是相距很远？另外，一定要在你的画上标上化石的尺寸和颜色。

然后画出你发现化石的地点。是在岩石附近，还是在水里？一个快速勾出的草图可以帮助你在未来找到更多化石。

每次都做这些详细的笔记，你所收藏的化石将会在科学上显得更加重要。

化石编号	18BG001
化石种属	菊石
发现日期	2018 年 1 月 2 日
发现地点	英国 惠特比
发现地层(组)	侏罗纪 泥岩

素描图

说明：

小测试答案

第 22 页

· **谁是第一个发现鱼龙化石的人？**

玛丽·安宁。

· **理查德·欧文因发明了哪个词而闻名？**

恐龙。

· **棘龙生活在什么年代？**

白垩纪中期，1.12 亿～9350 万年前。

· **现代的哪种爬行动物与棘龙相似？**

鳄鱼。

· **科学家们在鱼猎龙化石中有什么特别的发现？**

它背上有两个帆状物。

第 66 页

· **棘龙的头骨有多长？**

1.75 米。

· **棘龙化石是在哪里发现的？**

北非：埃及和摩洛哥。

· **棘龙身体的什么特征给了科学家线索，暗示它们可能是水生肉食性动物？**

与同等体形的兽脚类恐龙相比，棘龙后腿很短，肌肉发达的尾巴可以帮助游泳，宽而平的脚可以划水。

· **棘龙生活在什么类型的栖息地？**

河流和河口，红树林沼泽。

· **水动力游泳是什么意思？**

能快速、轻松地游泳。

89

专业词汇表

巩固你的记忆。

变温动物：

又名"冷血动物"，但这并不准确。这类动物仍然有温暖的血液，只不过表明冷血动物通过外界环境温暖自己的身体。如：蛇是变温动物，利用太阳来使身体获取能量、保持体温。（见本书第53页，此页为该词首次出现处，余同）

地质学：

研究地球及其演化原理的科学。它特别研究了在世界不同地区发现的不同类型的岩石，以及它们所呈现的信息。（见本书自序）

地质学家：

研究地质学的科学家。（见本书第3页）

恒温动物：

又名"温血动物"，但这也是不准确的。因为温血动物同样有温暖的血液，这并不能告诉我们什么。但用这个词，意在说明它可以使自己的体温保持稳定。就拿所有的哺乳动物来说，它们都是温血动物。（见本书第53页）

趋同演化：

两个没有紧密联系的生物演化出相似的形态特征。最好的例子就是鸟类、蝙蝠和翼龙的翅膀。这些动物并不是近亲，但它们都演化出了翅膀，因为翅膀是让动物飞行的最佳方式。（见本书第37页）

水生（的）：

指与水打交道的。水生动物是生活在水里的动物，比如鱼。如果某种动物

是半水生的,那么这种动物会在水里待上一段时间,在陆地上待上一段时间。鳄鱼是半水生动物。(见本书第 41 页)

适应:

这是动物由演化引起的变化。它可以是身体的变化(比如斑马身上用来伪装的条纹或鸟的翅膀),也可以是一种行为(比如狼群捕猎和鱼群游泳),有助于动物或物种存活。(见本书第 36 页)

同位素:

关于同位素,有很多说法。这有点复杂,你需要了解一些化学和物理知识才能真正理解它们。从根本上说,同位素是一种元素,它与原初的元素相比有轻微的变化。例如,不是所有的氢原子都是一样的。不同种类的氢原子,有不同的中子数量。中子是没有电荷的微小颗粒。有氢 −1、氢 −2 和氢 −3。有些同位素的衰变速度比另一些要快,古生物学家不仅可以利用它们来确定化石的年代,还可以研究它们的生活环境,甚至吃什么食物。(见本书第 41 页)

中温动物:

这些动物不是典型的恒温动物,也不是典型的变温动物。金枪鱼、大白鲨和针鼹都是中温动物。中温动物不能像人类或狗等哺乳动物那样调节体温,但也不像爬行动物那样依赖环境来加热身体维持体温。我们目前仍不完全理解中温动物控制体温的机理。(见本书第 53 页)

椎骨：

指构成动物脊柱的骨头。（见本书第 8 页）

图片来源：

Adobestock: 12, 30, 31, 32, 33, 34, 35, 36, 37, 43, 53, 71, 72, 74, 79, 92, 95, 101, 103, 104, 105. Depositphotos: 1, 2, 3, 11, 13, 19, 27, 30, 31, 43, 69, 70, 74, 78, 80~1, 103. Ethan Kocak: 5, 6 ,9, 11, 14, 15, 25, 38, 39, 42, 44, 45, 46, 47, 49, 50, 51, 53, 57, 58~59, 65, 75, 82, 89, 91, 96, 97, 99, 105, 106. Gabriel Ugueto: 66~7, 83, 85, 86, 87. Scott Hartman: 2~3, 28, 54~55, 60, 61, 62, 63, 81, 111. TheDinoRocker@Deviantart: 69, 70, 71, 72, 73, 74. Wiki Commons: 18, 20, 27, 29, 34, 35, 36, 37, 48, 77.

* 上述图片来源与原版书所有信息一致。